# 绿色电亮未来

国网冀北电力有限公司管理培训中心 组编

中国电力出版社
CHINA ELECTRIC POWER PRESS

**图书在版编目（CIP）数据**

绿色“电”亮未来 / 国网冀北电力有限公司管理培训中心组编 .—北京：中国电力出版社，2019.12

ISBN 978-7-5198-4100-3

Ⅰ .①绿… Ⅱ .①国… Ⅲ .①电力工业—无污染技术Ⅳ .① X773

中国版本图书馆 CIP 数据核字 (2019) 第 293816 号

---

出版发行：中国电力出版社
地　　址：北京市东城区北京站西街 19 号（邮政编码 100005）
网　　址：http://www.cepp.sgcc.com.cn
责任编辑：孙世通（010-63412326）
责任校对：黄　蓓　于　维
装帧设计：张俊霞
责任印制：钱兴根

---

印　刷：北京博图彩色印刷有限公司
版　次：2020 年 4 月第一版
印　次：2020 年 4 月北京第一次印刷
开　本：880 毫米 ×1230 毫米 24 开本
印　张：2.5
字　数：60 千字
定　价：20.00 元

---

# 编委会

# 前 言

随着传统能源枯竭和环境污染形势加剧，使用清洁可再生能源生产电能已刻不容缓，绿色电力应运而生。但小朋友们对绿色电力还不够了解。那么，什么是绿色电力呢？

本书将介绍绿色电力是什么，是如何产生、传输的，告诉小朋友们在日常生活中绿色电力是如何替代化石能源来降低污染的。同时，我们还大力倡导绿色用电，通过列举绿色用电小妙招，呼吁小朋友们从小事做起，实现绿色低碳生活，成为绿色环保小达人，保护我们的地球家园。

编　者

2019 年 12 月

# 目 录

小朋友们，大家好!我是绿色卫士，欢迎大家来到绿色电力科普空间。
绿色卫士，您好！我是乐乐。
绿色卫士，您好！我是奇奇。

# 绿色电力哪里来

绿色电力是指利用特定的发电设备，如风机、太阳能光伏电池等，将风能、太阳能等可再生能源转化成电能。通过绿色发电技术产生的电力，不但污染小，而且不消耗化石燃料，有利于环境保护和可持续发展，因此被称为“绿色电力”。
绿色卫士，请问什么是绿色电力呢？

随着传统能源枯竭和环境污染形势的加剧，使用清洁可再生能源生产电能已刻不容缓，因此，绿色电力应运而生！
绿色卫士，为什么需要绿色电力呢？

## 能源枯竭

人类对煤、石油、天然气等能源的过度依赖，致使能源面临枯竭，需要开发新型能源来替代传统能源生产电能。

## 环境污染

传统能源的过度使用，致使温室效应、酸雨等环境问题越来越严重，需要寻找清洁能源替代传统能源生产电能。

### 知识链接

**温室效应**：太阳短波辐射可以透过大气射入地面，而地面增暖后释放的长波辐射却被大气中的二氧化碳等物质所吸收，从而产生大气变暖的效应。

**酸雨**：酸碱程度值小于5.6的雨、雪、雾、雹等大气降水。

下面是传统化石能源与清洁能源的对比表，从表中可以看出清洁能源不但取之不尽、用之不竭，而且使用过程中不会产生污染，这便是绿色电力最大的优势啦！

| | 化石能源 | 清洁能源 |
|---|---|---|
| 种类 | 煤、石油、天然气 | 太阳能、风能、水势能、海洋能、地热能、生物质能等 |
| 储量 | 有限（不可再生） | 取之不尽、用之不竭 |
| 污染物 | 使用过程中，产生一氧化碳、二氧化碳、二氧化硫、碳氢化合物、氮氧化合物、粉尘等 | 无污染 |

绿色电力由清洁能源转化而来，主要包括风力发电、光伏发电、水力发电、地热发电、生物质能气化发电等。下面跟小朋友们具体介绍几种常见的绿色发电方式。

风力发电

光伏发电

水力发电

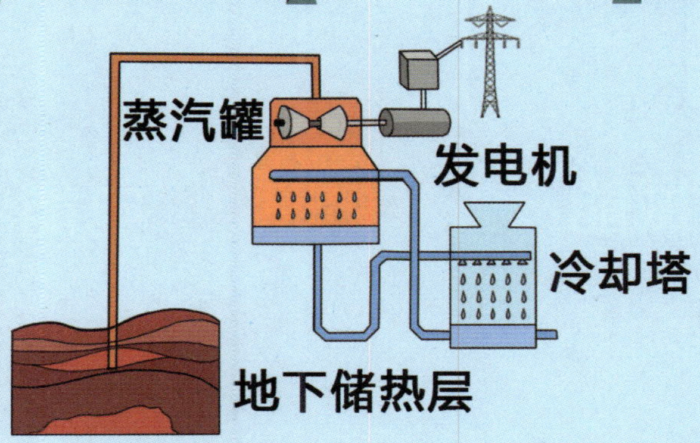


地热发电

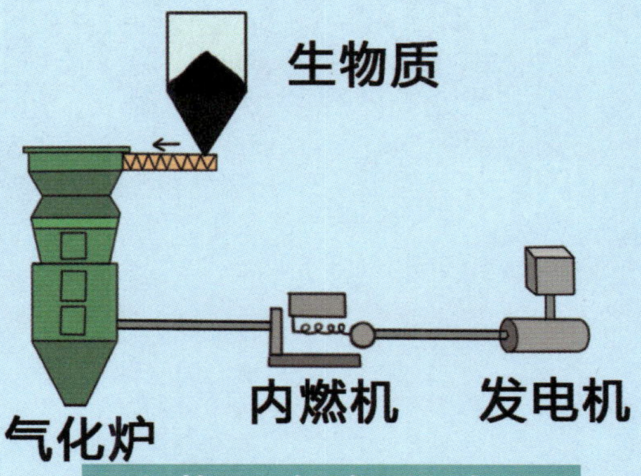


生物质能气化发电

## 风力发电：

利用风力带动风车叶片旋转，再通过增速机将旋转的速度提升，来促使发电机发电。

发电机是将其他形式的能源转换成电能的机械设备，其工作原理是基于电磁感应定律，下面我们来做个有趣的小实验来看看什么是电磁感应现象。

绿色卫士，什么是发电机呀？

**实验方法：**

在一个空心纸筒上绕上一组和电流表连接的导体线圈，当磁棒插进线圈的过程中，电流表的指针发生了偏转，而在磁棒从线圈内抽出的过程中，电流表的指针则发生了反方向的偏转。磁棒插进或抽出线圈的速度越快，指针偏转的角度越大；但是当磁棒不动时，电流计的指针不会偏转。

## 光伏发电：

利用半导体界面的光生伏特效应，将光能直接转变为电能。

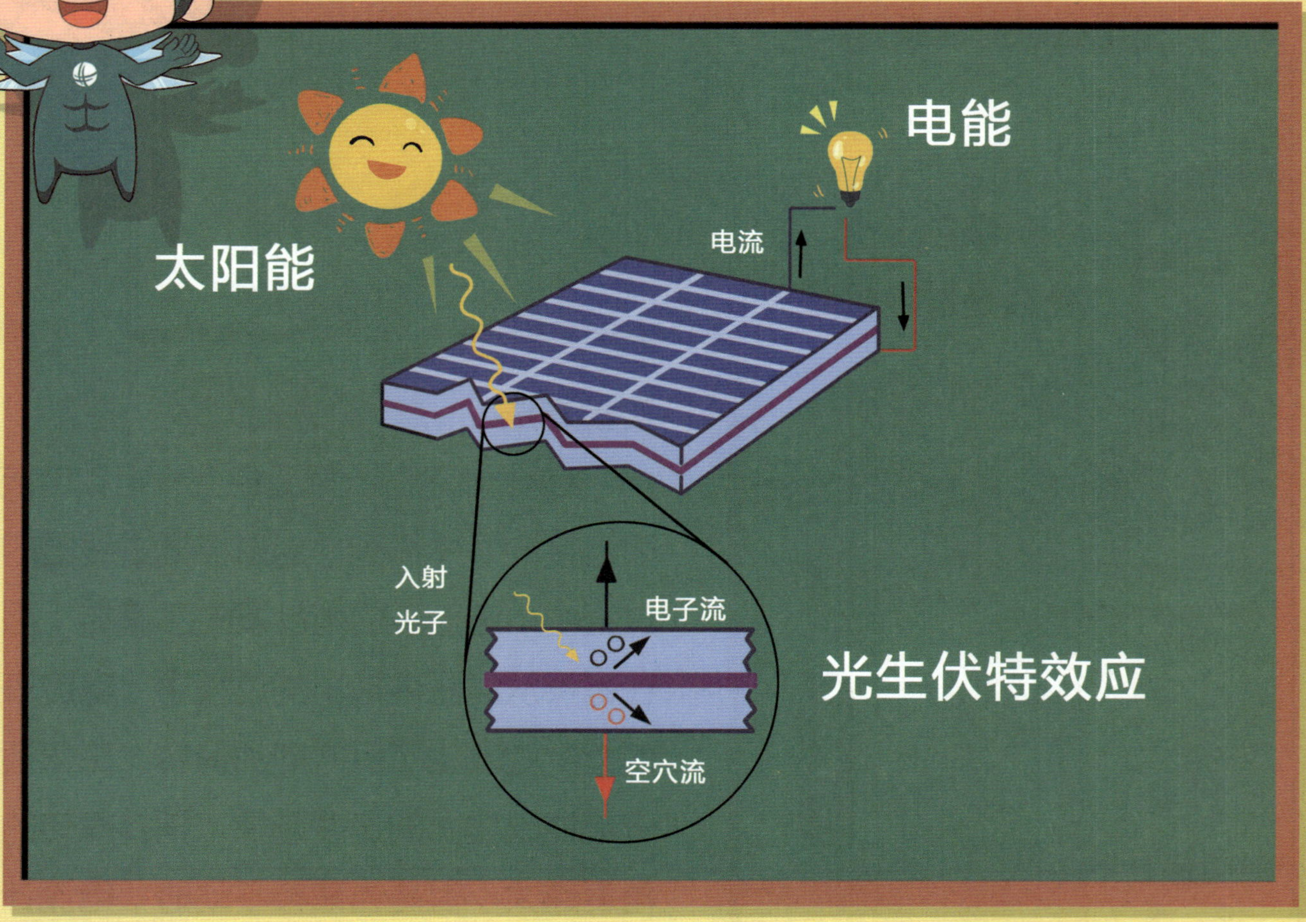


### 知识链接

**光生伏特效应**：半导体受到光照产生光电子，形成电势差的一种现象。

## 水力发电：

利用水位落差产生的势能，推动水轮发电机产生电力。

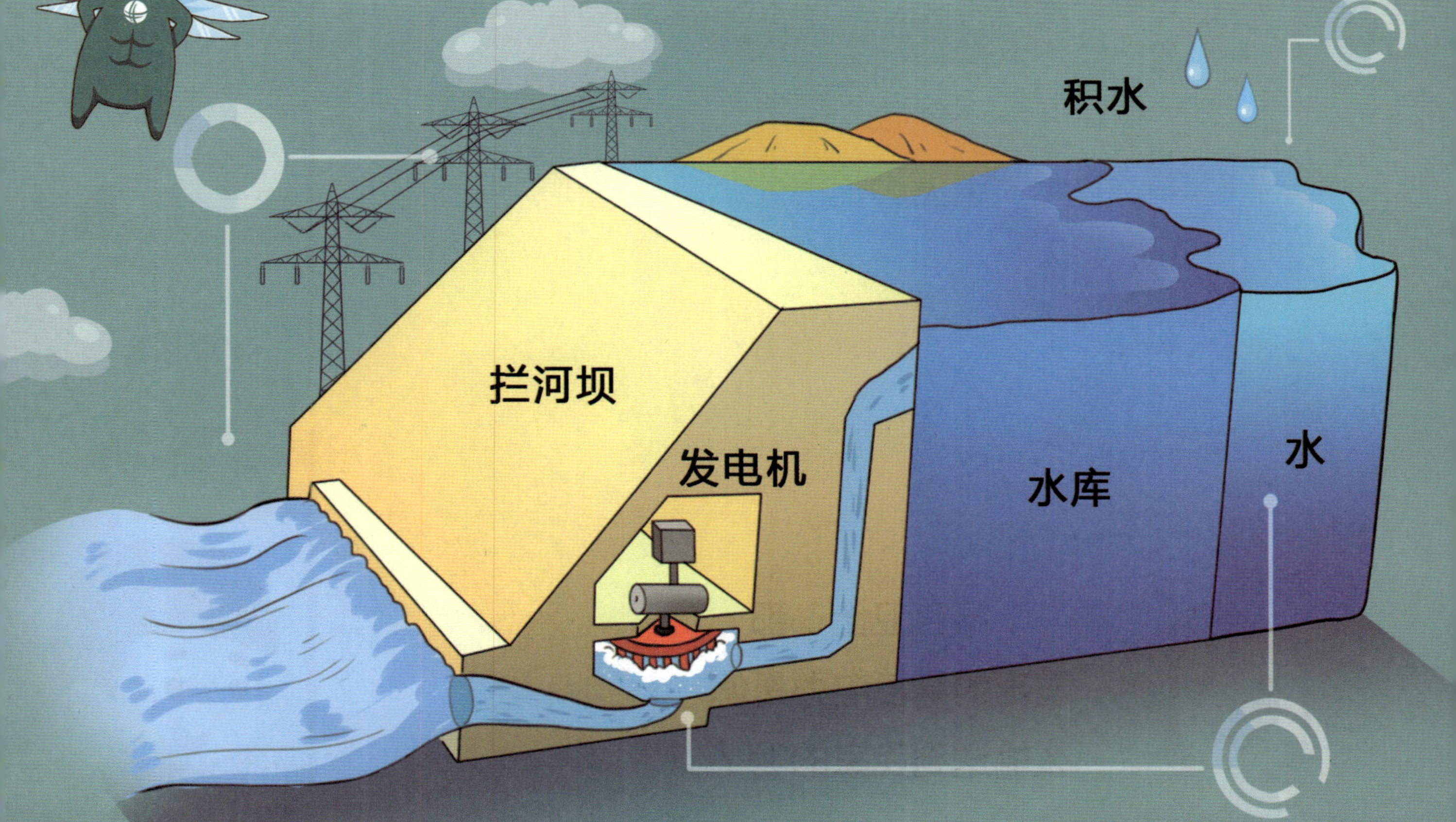


知识链接

**水势能**：水在高处所拥有的重力势能。它使水从高处流向低处，流的过程中产生动能。

绿色卫士，那
发出的绿色电力是怎
么输送到我家的呢？
绿色电力原来
是这样生产出来的!

# 绿色电力输出来

从水电站、风电场、光伏电站等发出的绿色电力，通过升压变电站转化成高压电，而后经高压线路输送到远方，再利用降压变压器将电压从高压逐渐转化为低压，最后输送到千家万户！

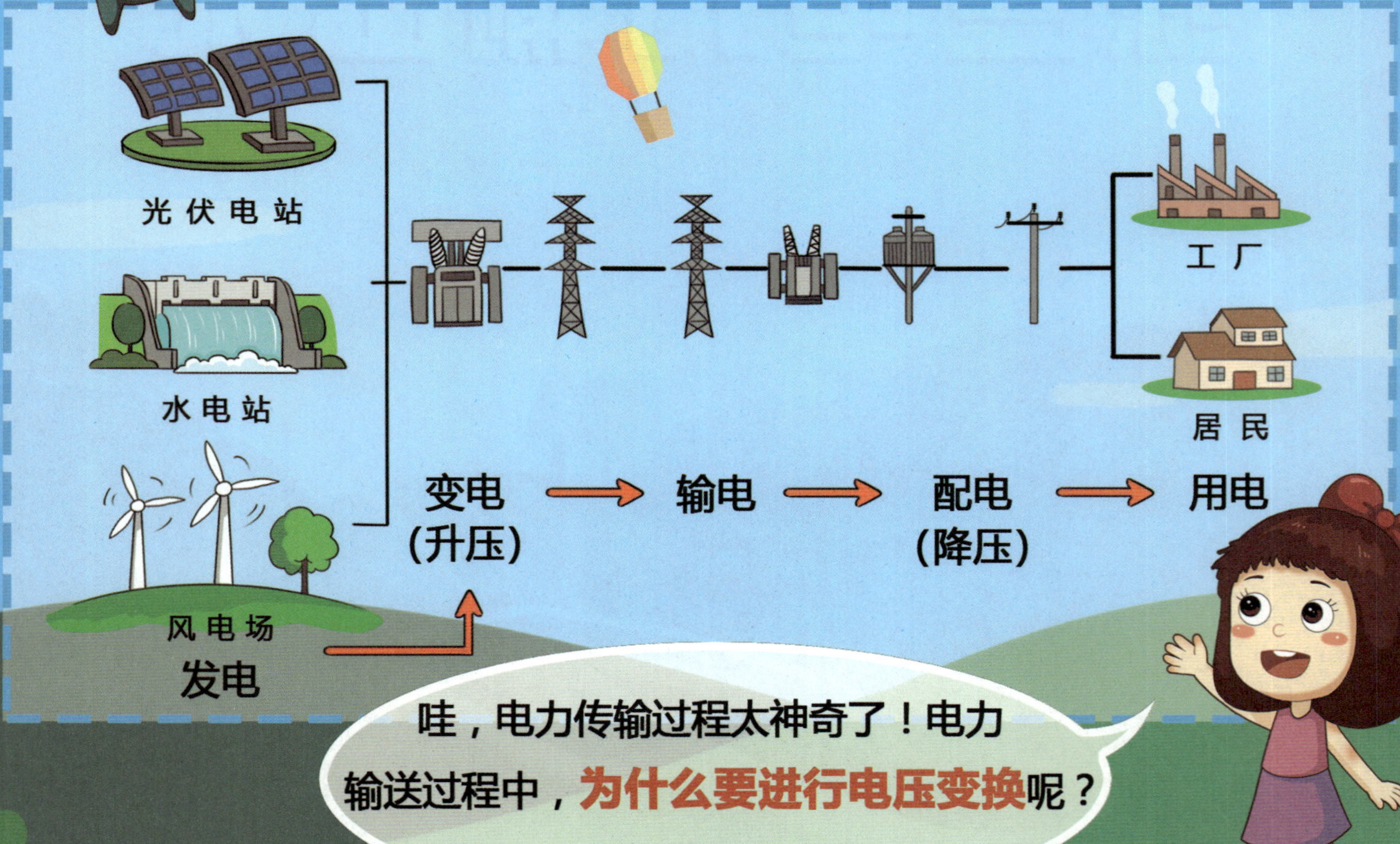


哇，电力传输过程太神奇了！电力输送过程中，**为什么要进行电压变换**呢？

## 升压

**电压变换主要基于以下原因：**

在远距离输送电能的过程中，为了降低电能的损耗，提高电压的质量，需要将电压升高。

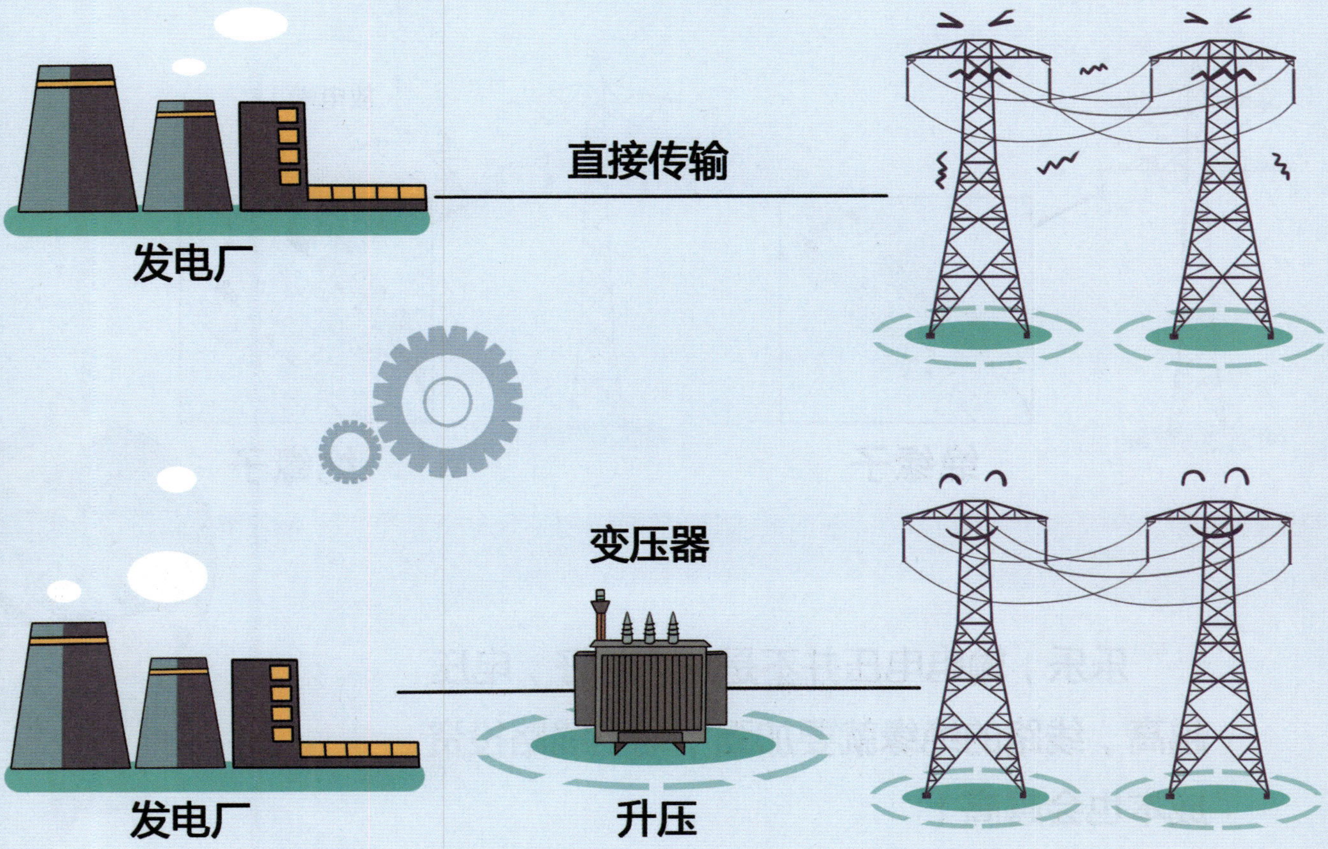

在输电时，是不是电压升得越高越好？

乐乐，输电电压并不是越高越好，电压越高，线路的绝缘就要加强，输电线路投资成本也会越高！

## 降压

家用电器用电电压低，而输电电压高，因此需要用电力变压器进行降压，才符合我们家庭用电电压需求。

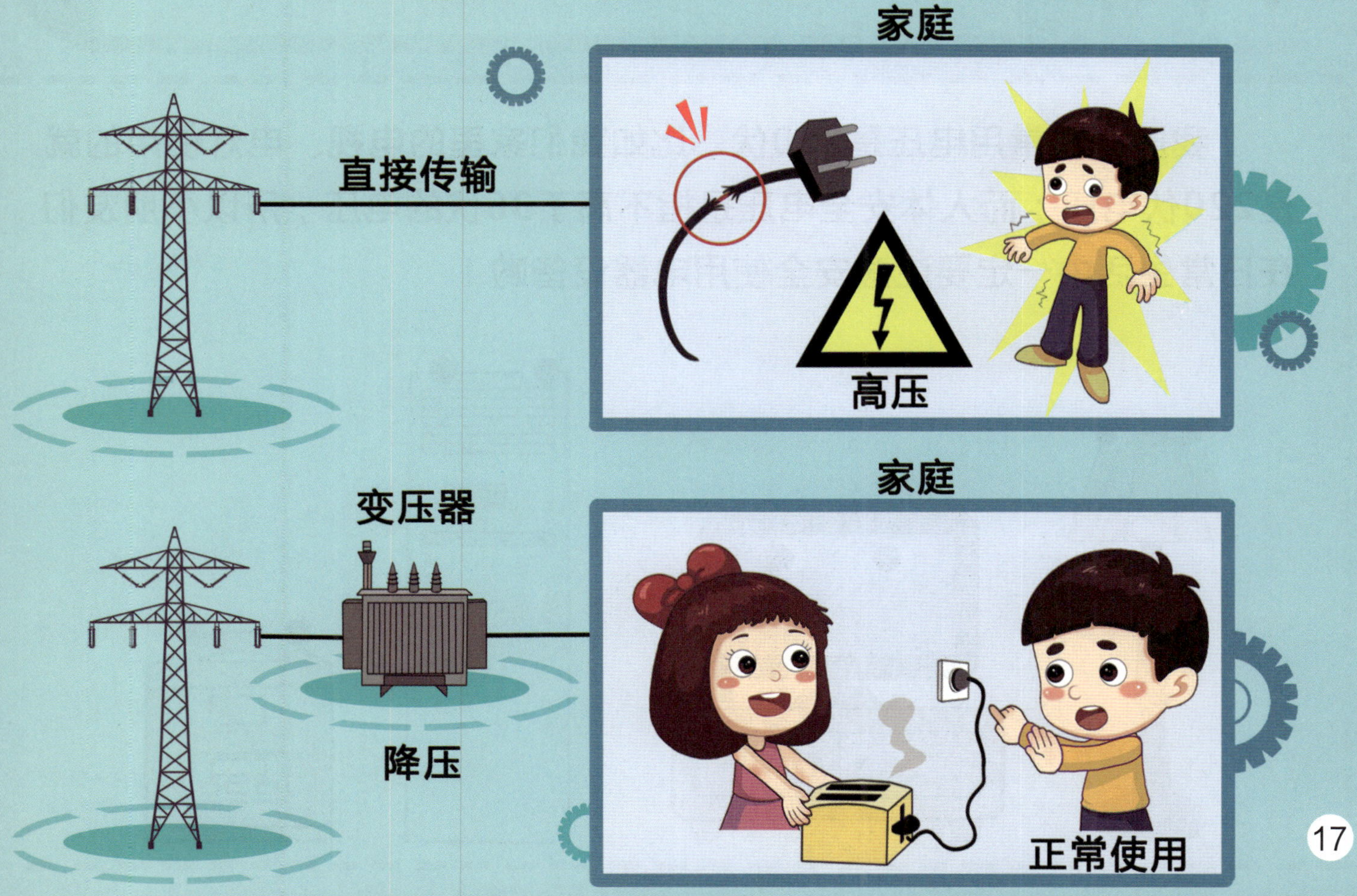

目前，电力网大体分为低压、中压、高压、超高压和特高压5种。其中，特高压交流电网电压等级高达1000千伏。

我国家庭常用电压是220伏，比如我们家里的电视、电灯使用的就是220伏电压；而人体安全电压是指不高于36伏的电压，所以小朋友们在日常生活中一定要注意安全使用电器设备哟！

哇，最高能达到1000千伏这么高！什么是特高压输电呢？
是呀，电网公司正在大力建设特高压电网呢。特高压输电技术是目前世界上电压等级最高、输送容量最大、送电距离最远、技术水平最先进的输电技术，下面就让我们看看特高压输电有哪些优势吧！

## 优势1：大

如果把电力通道比作水管，特高压输电线路就像是一条更粗的水管，可以瞬间流过更多的水哦。1000千伏输电线路输送功率是500千伏输电线路输送功率的4～5倍呢，你看，这输送能力特别高效吧！

## 优势2：远

1000千伏输电线路输电距离可达2000多千米，是500千伏输电线路输电距离的3倍，输电距离更远了。

## 优势3：省

1条1000千伏输电线路输送电力可代替3条500千伏输电线路，这样可减少占地1/2~2/3。

## 优势4：少

此外，1000千伏交流线路的电阻损耗仅为500千伏交流线路的1/4。可以说，正是特高压技术保证了千家万户的电力可靠供应呢。

那**如何实现电压变换**的呢？

电压变换原理简单来说，就是变压器通过闭合铁芯，利用互感现象实现电能转化，再通过线圈匝数的变化，实现电压的具体升降。

互感现象是指两相邻线圈中，一个线圈的电流随时间变化时导致穿过另一线圈的磁通量发生变化，而在该线圈中出现感应电动势的现象。下面我们做个小实验来看看什么是互感现象吧！

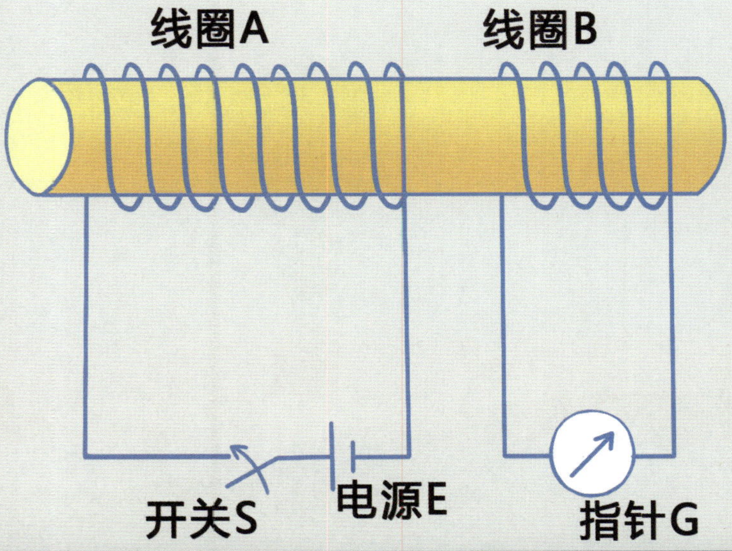


实验方法：当开关 S 由断开到闭合或由闭合到断开时，线圈 B 中将产生感应电流，电流计指针 G 将偏转。

# 绿色电力换起来

最近的天灰蒙蒙的，哎，电视里说是雾霾搞的鬼。这可怎么办呀？
雾霾天气是一种大气污染状态，只要消灭雾霾产生的源头，雾霾就会逐渐减少啦！“电能替代”就是我们用绿色电力减少雾霾的好方法呢！

电能替代，是指在能源消费上，利用电力能源代替煤炭、石油、天然气等化石能源以及常规终端能源直接消费，从而提高燃料使用效率，减少污染物排放，进而达到改良终端能源结构、促进环保的效果。

比如我们可以用电动汽车来替代燃油车。电动汽车的动力来自清洁、高效的电能，这样既能节约珍贵的油气资源，也没有任何的尾气排放，能够有效减少雾霾的产生。

## 动力来源对比

### 燃油汽车

喝油，靠发动机驱动，
加油站普及，加油方便

### 电动汽车

充电，靠电动机驱动，
目前充电桩较少

## 排气管对比

### 燃油汽车

靠发动机驱动，需要排气管

### 电动汽车

靠电动机驱动，无需排气管

## 电动汽车一般都配备两种充电方式

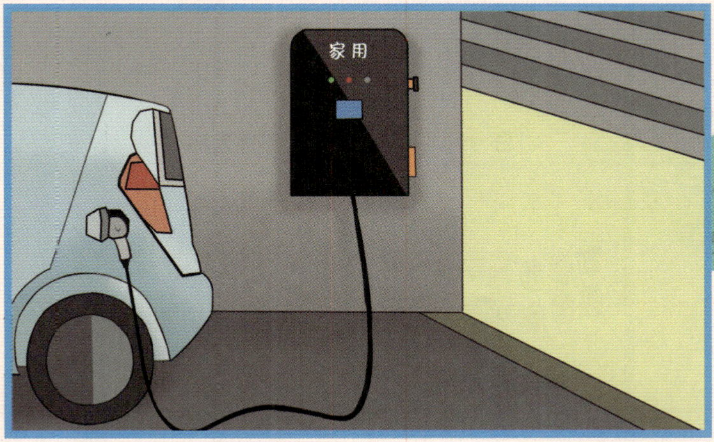


既可以在家慢慢充电

也可以在充电站快速充电，
非常方便呢！

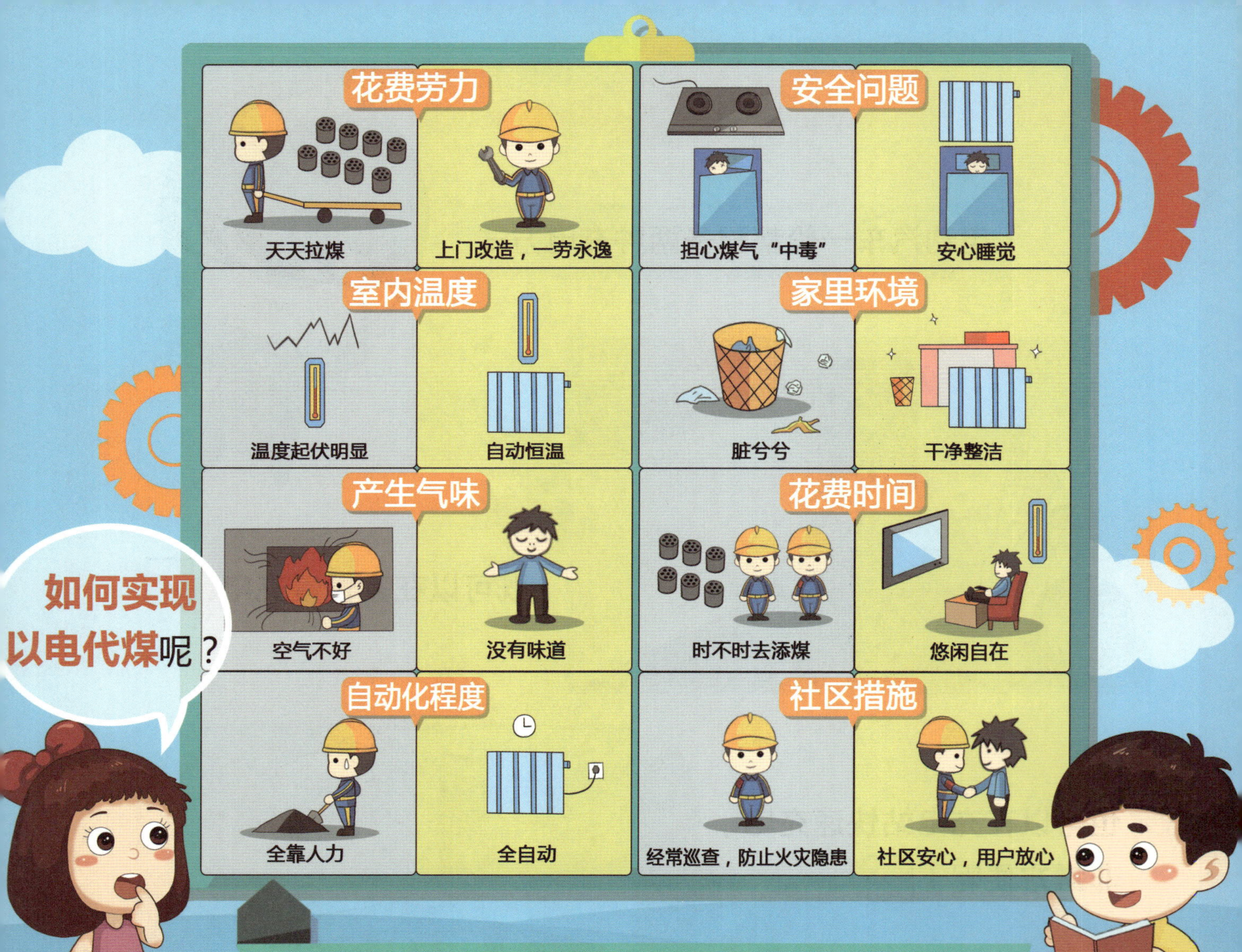


我们可以在冬季用电来代替煤取暖。煤改电的优点可多了，主要可以总结为以上8点。

# 绿色妙招用起来

小朋友们，为助力绿色电力发展，平时生活中绿色用电也必不可少哇。
我们在平时的生活中，怎么做才能绿色用电呢？

在平时生活中注意节能环保，就能够绿色用电啦。比如地球一小时活动，就是倡导的一种绿色低碳的生活方式。

## 什么是地球一小时活动?

由世界自然基金会发起，呼吁个人、社区、企业和政府在每年3月最后一个星期六20:30-21:30期间熄灯一小时，以此来激发人们对保护地球的责任感，以及对气候变化等环境问题的思考，并用行动表达支持。

妈妈说，晚上十点之后再用电器可以省不少电费呢。
这可多亏了咱们实行的峰谷电价政策。

什么是峰谷电价呢？

峰谷电价是按高峰用电和低谷用电分别计算电费的一种电价制度。通俗地说，就是用电高峰时电价就贵，用电低谷时电价就便宜。

知识链接

**峰谷电价**：从早上6:00至晚上10:00，用电高峰时每度电0.5283元（1度=1千瓦时）。从晚上10:00至次日早上6:00，用电低谷时电费每度下降0.17元，即每度电0.3583元。（上海地区2019年峰谷电价收费标准）

20℃
如何正确使用空调？
天气太热了，我要开空调。
奇奇，你把空调温度调得太低了，这样不仅不环保，还对身体不好。

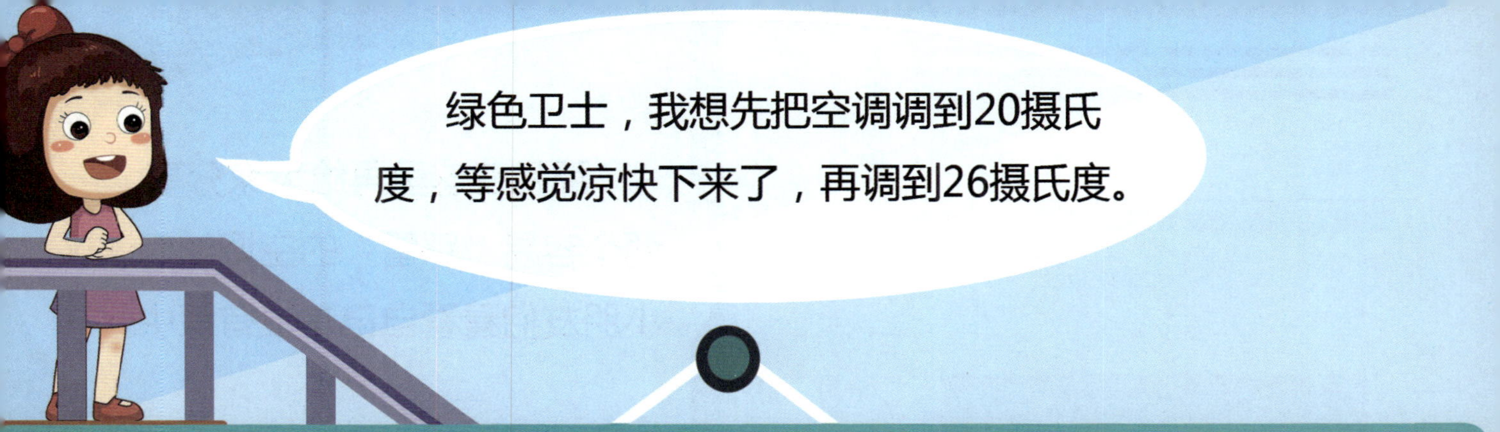


奇奇，无论你把遥控器设置到多少摄氏度，空调出风口排出的都是同样强度的冷气，设置的温度只是告诉空调，应该在达到什么温度的时候停止制冷。如果先调到20摄氏度，那么在室温降到26摄氏度后，空调仍会持续工作，等你感觉到温度太低了的时候，实际上已经浪费了不必要的电。因此，假定26摄氏度是理想室温，直接把空调温度调到26摄氏度即可。

绿色卫士，那在使用空调时还有要注意的吗？
那我在这里再给大家分享两个容易“踩雷”的空调使用误区，小朋友们看看自己有没有踩中。
那快说来听听！

## 误区一 开着窗户开空调

在实际生活中，不少人会开着窗户开空调。空调的工作原理，简单来说就是热交换。如果打开空调的同时开窗户，会使室外的热空气不断地进入房间，造成空调一直不停运转。所以开启空调的时候，一定要记得关闭窗户。

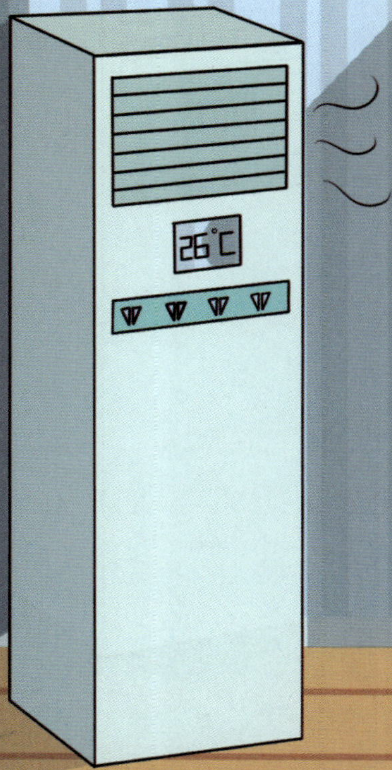

绿色卫士，真惭愧，我之前还真是没有注意这一点！

## 误区二　空调和电扇只能二选一

有的小朋友认为，不太热的时候用电扇就行，特别热就开空调。实际上，空调和电扇是一对好伙伴，完全可以同时使用！

空调和电扇一起使用，会使冷空气更快地传播到房间的其他地方，加速整个空间的温度下降。同时，电扇的风加速汗液的蒸发而冷却皮肤，带来清凉的感觉。这样，你可以将空调温度调得稍微高一度，也能达到同样的舒适度。

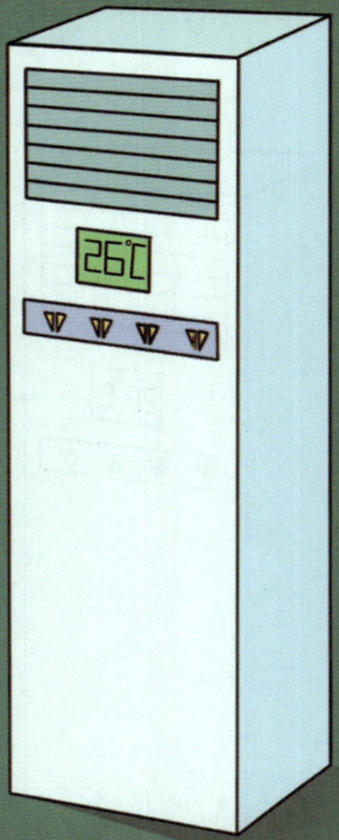

我们在暂时不用电脑时可以选择用待机代替屏幕保护，屏幕保护设置的越简单越好，最好是不设置屏幕保护。这样每台台式机每年大约可省电6.3度，相当于减排二氧化碳6千克；每台笔记本电脑每年大约可省电1.5度，相当于减排二氧化碳1.4千克。

## 生活中还有哪些节能“金点子”？

在冰箱节能方面，也有很多知识呢，比如：

应该将冰箱放到通风处，更利于制冷和散热。

要尽量减少冰箱开门次数和时间。

好的，绿色卫士，这些我都记下来啦！

还有如果冰箱里东西太少，把塑料盒装上水放进去可以减少压缩机启动次数。

对了，还有一个容易被遗忘的，就是要记得用完家用电器后拔插座哦，不然电能也会被偷偷浪费掉。比如，在一般情况下，电视待机10小时，就可消耗半度电。
这个我之前还真没注意，以后我会努力做到的。我还要把这些绿色用电小贴士告诉其他小朋友！

只要从小事做起，实现绿色低碳生活，就能保护我们的地球，让世界变得越来越好呢！
太棒啦！作为环保小达人，一定要保护地球，保护我们的家园。

小朋友们，让我们一起争当环保小达人，低碳生活，
，让我们的家园天更蓝，水更清，越来越美好！

# 索 引